Kiran V Mehta

Água de rega

Kiran V Mehta

Água de rega

ScienciaScripts

Imprint
Any brand names and product names mentioned in this book are subject to trademark, brand or patent protection and are trademarks or registered trademarks of their respective holders. The use of brand names, product names, common names, trade names, product descriptions etc. even without a particular marking in this work is in no way to be construed to mean that such names may be regarded as unrestricted in respect of trademark and brand protection legislation and could thus be used by anyone.

Cover image: www.ingimage.com

This book is a translation from the original published under ISBN 978-3-659-85594-8.

Publisher:
Sciencia Scripts
is a trademark of
Dodo Books Indian Ocean Ltd. and OmniScriptum S.R.L publishing group

120 High Road, East Finchley, London, N2 9ED, United Kingdom
Str. Armeneasca 28/1, office 1, Chisinau MD-2012, Republic of Moldova, Europe
Managing Directors: Ieva Konstantinova, Victoria Ursu
info@omniscriptum.com

Printed at: see last page
ISBN: 978-620-8-53005-1

Índice:

Para Meu amado
Pais que me deram mais do que têm!
-*Kiran* V. Mehta

Água de irrigação (Kiran V. Mehta)

Prefácio

A água de rega tem uma longa história e desempenhou um papel vital no desenvolvimento da humanidade. Mas o cenário atual da água de irrigação não é muito impressionante. A escassez e a contaminação dos recursos hídricos de boa qualidade resultaram numa água de rega que não é satisfatória em termos de quantidade e qualidade. Este livro descreve vários parâmetros de qualidade da água de rega.

As mais recentes tendências de investigação sobre a água de rega também podem ser encontradas neste livro. Os métodos e materiais gerais para a realização de trabalhos de investigação no domínio da água de rega também são discutidos no livro. A salinização está a emergir como um grande problema para a rega. Um capítulo especial sobre salinidade é escrito no livro, que fornece uma boa introdução ao problema e também descreve o trabalho de investigação levado a cabo por diferentes investigadores para resolver o problema da salinidade.

Espero que os estudantes e os investigadores encontrem neste livro um material de leitura precioso, escrito de uma forma compendiosa. Este livro foi escrito de forma muito cuidada, de modo a abranger os aspectos imperativos do tema. No entanto, os leitores são aconselhados a ter em mente que os dados, afirmações, etc. podem inadvertidamente ser imprecisos. Peço desde já desculpa se houver alguma imprecisão no livro! Agradeço as vossas preciosas sugestões para tornar este livro mais útil!

(Sr.) Kiran V. Mehta
(M.Sc., Ph.D. e Prof. em Química) Palanpur-385001
(Gujarat) (Índia) (março-2016) **Correio eletrónico:** kiranvmehta@ymail.com

Capítulo 1

Tipos de águas e Critérios de qualidade

Água

Seguem-se algumas frases muito conhecidas sobre a água:

Tudo teve origem na água.
Tudo é sustentado pela água.
- Johann Wolfgang von Goethe (1749-1832)

A vida não pode existir sem água, mas o cenário atual da água para consumo e irrigação não é agradável. Prevê-se que todos os recursos hídricos disponíveis se tornem limitados devido às alterações climáticas e à distribuição desigual da precipitação^].

A humanidade utiliza a água para muitos fins, como beber, irrigação, processos industriais e eliminação de resíduos. As utilizações domésticas gerais da água são as seguintes

(1) Beber
(2) Preparação de alimentos
(3) Tomar banho e lavar-se
(4) Panos de limpeza
(5) Utensílios de limpeza
(6) Limpeza de móveis e utensílios
(7) Limpeza da casa e dos arredores
(8) Irrigação da horta doméstica.

A água é uma substância caraterística que existe em três estados da matéria: sólido, líquido e gasoso. A água é conhecida como um solvente universal. Do ponto de vista químico, a água (H2O) é uma molécula polar. Assim, os compostos iónicos podem dissolver-se na água. Muitos compostos orgânicos, gases, etc. também se dissolvem na água. A água no seu estado puro é neutra. Esta água pode tornar-se ácida ou básica, dependendo da natureza da substância dissolvida. A tensão superficial da água é elevada. As plantas obtêm água através das suas raízes no solo. A água facilita a penetração das raízes. A mobilidade dos elementos nutritivos também é possível graças à água no solo.

Fontes de água

A escassez de recursos hídricos de boa qualidade está a tornar-se um assunto de enorme importância nas regiões áridas e semiáridas do mundo atual. As questões agrícolas e ambientais relacionadas com os recursos hídricos são estudadas por David Pimentel et al.[2].

As fontes gerais de água são as seguintes

1. Água atmosférica

A água da chuva e a água formada pela neve são designadas por água atmosférica. Geralmente, a água da chuva contém ácido carbónico devido à reação entre a água da chuva e o dióxido de carbono (CO2) presente na atmosfera. Por conseguinte, torna-se um pouco ácida por natureza. Após a precipitação, a água da chuva escorre para o solo ou para as rochas e também penetra no solo passando através das rochas. Assim, os compostos e sais presentes no solo e nas rochas podem dissolver-se na água. Assim, as rochas afectam significativamente a suavidade ou a dureza da água.

2. Águas de superfície

A água presente nos rios, ribeiros, lagoas e oceanos pertence à categoria das águas de superfície. Durante a infiltração da água de superfície, muitos minerais dissolvem-se nela.

3. Águas subterrâneas

A água subterrânea existe nas fendas e espaços do solo e da rocha. Move-se gradualmente através dos aquíferos. A hidrogeologia estuda as propriedades dos aquíferos. Os aquíferos contêm água subterrânea. Normalmente, são constituídos por areia, rocha, etc., a partir dos quais se pode obter água subterrânea.

O fluxo unidimensional de água num aquífero ou zona saturada pode ser expresso pela lei de Darcy. De acordo com esta lei,

$$q = \frac{KhA}{L}$$

Aqui, q = Caudal (volume por unidade de tempo)

K = Condutividade hidráulica do meio de escoamento (distância/unidade de tempo) h = Cabeça hidráulica ou potencial causador de caudal (distância)

A = Área da secção transversal do escoamento (distância)

L = Comprimento do percurso do fluxo (distância)

Esta equação é aplicável na maioria dos casos de escoamentos unidimensionais. Henry Darcy estudou o movimento da água que passa através de material poroso. A velocidade da água subterrânea depende da condutividade hidráulica e da carga hidráulica. Assim, Darcy estabeleceu uma relação entre o movimento da água e o material da superfície. Esta relação é apresentada a seguir:

Q = KI A

Q = caudal volumétrico ou descarga

K = condutividade hidráulica

I = cabeça hidráulica

A = área que a água subterrânea atravessa

4. Água do solo

O solo capta a água e também a retém.

Os processos envolvidos na captação de água pelo solo são: a infiltração e a percolação.

A água do solo apresenta forças de coesão, de adesão e capilares.

(1) Coesão

A força de atração das moléculas de água em relação às outras moléculas de água é designada por coesão.

(2) Adesão

A força de atração entre as moléculas de água e as partículas do solo é a adesão.

(3) Capilar

Devido à coesão e à adesão, a água pode mover-se contra a força gravitacional. *O potencial da* água é um trabalho que a água pode realizar quando se desloca do seu estado atual para uma poça de água. Assim, é o termo que indica a energia. *O gradiente de potencial hídrico* é uma diferença de potencial hídrico total entre dois locais no solo. Devido ao gradiente de potencial hídrico, a água pode mover-se através dos poros do solo. Na superfície da Terra, a água encontra-se geralmente nas formas líquida e sólida, enquanto na atmosfera, a água encontra-se geralmente na forma gasosa. A chuva é uma fonte natural e importante de água.

No ciclo da água, os principais processos envolvidos são:

- Evaporação da água dos oceanos, rios, lagos, cascatas, etc.
- Formação de nuvens
- Condensação em neve ou chuva.

O papel das florestas é igualmente importante no ciclo da água.

A água está a tornar-se suja devido à falta de cuidado das pessoas e à industrialização. Assim, se as pessoas não estiverem conscientes desta importância, a água de boa qualidade não estará disponível no futuro para irrigação e sobrevivência humana.

As águas gravitacionais e capilares são consideradas como água do solo.

Água de rega

A água é um fator essencial para a agricultura. A chuva é uma fonte normal de água na agricultura. Para além disso, os rios, lagoas, poços, canais, etc. são as fontes de água para as culturas. A água agrícola é a água utilizada nos processos agrícolas, como o cultivo, a colheita, o acondicionamento ou a conservação dos produtos. A água pode ser fornecida às explorações agrícolas através de métodos de irrigação. A irrigação é uma aplicação artificial de água no solo para fins agrícolas. É utilizada para apoiar o crescimento de culturas, plantas e a revegetação de solos em regiões secas. É bastante útil em situações de precipitação insuficiente. A água de rega sustenta o crescimento das plantas. Prepara o solo para a agricultura. Esta água de irrigação deve ser segura para as culturas e para o solo. A água de rega com uma salinidade elevada aumenta o risco de salinidade do solo e o nível de sódio no solo. A isto chama-se sodificação do solo. Os solos sodados são frequentemente identificados por uma fraca infiltração da água de irrigação ou da água da chuva, por um aumento do escoamento superficial e por uma fraca emergência das plântulas. A formação de crostas na superfície é também uma das consequências da sodificação do solo. Em muitos países, os recursos de água subterrânea são sobre-explorados para alcançar a autossuficiência alimentar. A necessidade de uma produção alimentar elevada criou um grande aumento na procura de água para irrigação.

A água de rega pode gerar problemas como alcalinidade, salinidade, etc., devido aos electrólitos dissolvidos. A incrustação de sais, cal, cálcio e magnésio pode danificar equipamentos de irrigação como pulverizadores, tubos, aspersores, bicos e mangueiras. A disponibilidade e o valor da água para irrigar as culturas têm uma influência direta na agricultura.

Os riscos que surgem devido à água de irrigação podem ser classificados em várias categorias:

(1) Perigo de salinidade

(2) Perigo de bicarbonato

(3) Perigo alcalino

(4) Risco de boro

(5) Perigo do lítio

(6) Outros perigos.

A irrigação pode ser classificada da seguinte forma:

(1) Irrigação de superfície

(2) Irrigação localizada

(3) Irrigação por gotejamento

(4) Irrigação têxtil por subsuperfície

(5) Irrigação por movimento lateral (side roll, wheel line, wheel move)

(6) Irrigação com sistemas de aspersão

(7) Irrigação por pivô central

A condutividade eléctrica (CE) da água de irrigação é considerada para efeitos de salinidade. Considerando esta propriedade da água, L.A. Richards[3] classificou as águas nos seguintes tipos

(1) Baixo valor de CE (0 - 250 micromhos/cm)

(2) Valor médio de CE (250 -750 micromhos/cm)

(3) Elevado valor de CE (750-2250 micromhos/cm)

(4) Valor CE muito elevado (> 2250 micromhos/cm)

A água com CE superior a 2250 micromhos/cm é considerada não segura para utilização na agricultura normal.

Considerando o tipo de cultura e de solo, o limite superior de CE para águas de categoria muito elevada pode ser aumentado. Os valores da condutividade eléctrica podem dar uma ideia da qualidade da água de irrigação, ou seja, do sal dissolvido na água. Isto pode afetar a produção das culturas. O teor de argila do solo e a tolerância da cultura ao sal também afectam a produção das culturas.

Geralmente, a água com um valor elevado de condutância eléctrica pode afetar a salinidade do solo, ou seja, pode aumentar a salinidade do solo. Pode reduzir o crescimento das culturas devido ao ião específico presente na água.

Tendo em conta os valores SAR, a água pode ser classificada nos seguintes tipos

(1) SAR baixo (0-10)

(2) SAR médio (10-18)

(3) SAR elevado (18-26)

(4) SAR muito elevado (>26)

O solo sódico contém um elevado nível de sódio em relação aos outros catiões permutáveis (i.e. potássio, cálcio e magnésio). O solo sódico tem uma percentagem de sódio permutável (ESP) igual ou superior a 6%. O valor do SAR (Rácio de Adsorção de Sódio) também está relacionado com o ESP.

A percentagem de sódio permutável é calculada da seguinte forma

$$\textbf{ESP} = \textbf{Exchangeable}\left\{\frac{(Na^+)}{(Ca^{2+} + Mg^{2+} + K^+ + Na^+)}\right\} \times 100$$

$$ESP = \frac{Na^+}{CEC} \times 100$$

Na+ = sódio permutável medido, cmol kg-1

CEC = Capacidade de troca catiónica, cmol kg^{-1}

No conceito de Carbonato de Sódio Residual (CSR) [4], as concentrações dos iões Ca^{2+}, Mg^{2+}, $CO3^{2-}$ e $HCO3^{-}$ são importantes.

O RSC é dado pela seguinte fórmula:

$$\mathbf{RSC = (Ca^{2+} + Mg^{2+}) - (CO3^{2-} + HCO3^{-})}$$

Aqui, as concentrações dos iões Ca^{2+}, Mg^{2+}, $CO3^{2-}$ e $HCO3^{-}$ estão em meq/1.

Com base nos valores RSC, as águas de irrigação podem ser classificadas em três classes, como a seguir se indica:

(1) RSC 0-1,25 meq/l: provavelmente seguro

(2) RSC 1,25 - 2,50 meq/l: segurança marginal

(3) RSC >2,50 meq/l: não seguro

O risco de sódio das águas de irrigação influenciado pela fração de lixiviação e pela precipitação ou solução de carbonato de cálcio foi estudado por Bower[5]. *O Índice de Saturação de Langelier* (SI) é considerado para avaliar a precipitação de carbonato da água de irrigação em função do grau de saturação de carbonato de cálcio (CaCO3) da solução[6].

A água de rega inadequada diminui o crescimento das culturas e altera as caraterísticas químicas do solo. Assim, é óbvio que a qualidade da água de rega não é a desejada.

Capítulo 2

Parâmetros de qualidade da água para Agricultura irrigada

Na avaliação da água de rega, as caraterísticas químicas e físicas da água são consideradas importantes. A água utilizada para irrigação pode diferir significativamente em qualidade, dependendo do tipo e da quantidade de sais nela dissolvidos. A meteorização do solo e das rochas, a dissolução de gesso, cal e outros minerais são os processos comuns que geram sais dissolvidos na água. Estes sais são transportados com a água para onde quer que esta seja aplicada. Na agricultura de regadio, os sais vão com a água e permanecem no solo à medida que a água é utilizada pelas plantas. Devido à evaporação da água, os sais também permanecem no solo.

A adequação da água para irrigação é determinada pela quantidade de sal e pelo tipo de sais dissolvidos na água. Os problemas agrícolas podem surgir devido ao teor de sal presente na água. É necessária uma boa gestão da água de irrigação para manter um rendimento satisfatório das culturas. A qualidade da água de rega para utilização é avaliada em função da gravidade dos problemas que se prevê que venham a surgir durante a utilização prolongada dessa água.

O solo, a água, o clima e a cultura estão correlacionados. Os problemas da água de rega mais frequentemente encontrados como base para avaliar a qualidade da água estão relacionados com a salinidade, a taxa de infiltração da água, a nocividade e outros parâmetros.

Os iões gerais presentes na água

Todos os elementos existentes na água de rega não são tóxicos. Alguns elementos como o Molibdénio (Mo), Ferro (Fe), Manganês (Mn) e Zinco (Zn) são importantes em pequenas quantidades para o desenvolvimento das plantas. A sua quantidade excessiva na água de rega pode criar acumulações indesejáveis nas plantas.

(1) Cálcio e magnésio

O cálcio é um metal alcalinoterroso macio. É o quinto elemento mais abundante na crosta terrestre. O Ca^{2+} é também um dos iões mais abundantes dissolvidos na água do mar.

Os compostos de cálcio são amplamente utilizados em produtos farmacêuticos, fotografia, pigmentos e fertilizantes. A dureza da água é devida aos sais de cálcio e magnésio presentes na água. Afecta a qualidade da água potável.

O Ca^{2+} (ião de cálcio) encontra-se tanto na água como no solo. O gesso e o calcário são minerais comuns do solo. Ambos contêm sais de cálcio: sulfato de cálcio (CaSO4) e carbonato de cálcio (CaCO3), respetivamente.

O Mg^{2+} é o segundo catião mais abundante na água do mar. Para obter o magnésio, adiciona-se hidróxido de cálcio à água do mar para formar um precipitado de hidróxido de magnésio

$$MgCl_2 + Ca(OH)_2 \rightarrow Mg(OH)_2 + CaCl_2$$

O hidróxido de magnésio ($Mg(OH)_2$) é insolúvel em água. É filtrado e tratado com HCl.

$$Mg(OH)_2 + 2HCl \rightarrow MgCl_2 + 2H_2O$$

Depois de obter o cloreto de magnésio, o processo de eletrólise dá magnésio.

A água da zona onde o gesso é abundante contém iões de cálcio e iões de sulfato. A elevada concentração de iões de cálcio e magnésio torna a água dura. A água macia produz facilmente espuma com o sabão, mas é difícil produzir espuma com água dura. Este tipo de água dura não é adequado para uso doméstico. O processo de cal-soda pode ser utilizado para remover Ca^{2+} e Mg^{2+} da água dura.

(2) Sódio

O sódio é um metal macio, branco-prateado. É um metal altamente reativo. O sódio é o sexto elemento mais abundante na crosta terrestre. O sal-gema, a sodalite, o feldspato, etc. são minerais de sódio. Os sais de sódio são geralmente muito solúveis em água. Os iões Na^+ foram lixiviados pela ação da água dos minerais da terra. Assim, o sódio e o cloro são os elementos dissolvidos mais comuns nas águas oceânicas. A permeabilidade do solo é afetada pelo teor de sódio.

O sódio (Na^+) é um ião bem conhecido presente na água. A água de rega contém quase sempre alguma quantidade de iões de sódio. Geralmente, estes iões não são desejáveis para utilização na rega. O elevado teor de sódio no solo torna-o afetado pelo sódio. Este tipo de solo pode ser tratado com enxofre e gesso para melhorar os objectivos da agricultura.

Algumas culturas são sensíveis ao sódio. Estas culturas incluem frutos de casca rija, frutos, feijões e citrinos.

(3) Potássio

O potássio (K) é um metal macio branco-prateado. Está presente na água do mar. É um nutriente essencial para as plantas. É um dos principais nutrientes. Desempenha um papel vital na produção vegetal. Encontra-se normalmente na água e no solo.

(4) Sulfato

O ião sulfato ($SO4^{2-}$) é o principal ião negativo na maioria das águas de poços. Pode aumentar a salinidade no solo. A resposta das plantas de feijão à salinização com cloreto de sódio e sulfato de sódio foi estudada por A. Meiri et al.[1]

(5) Cloreto

O sabor salgado da água é produzido pela concentração de cloreto que depende da composição da água.

Muitas culturas arbóreas são sensíveis a baixas concentrações de cloreto. As concentrações absolutas de iões cloreto podem ser úteis para avaliar a toxicidade do cloreto nas plantas de citrinos e de frutos.

(6) Carbonato e Bicarbonato

A presença de iões carbonato ($CO3^{2-}$) e bicarbonato ($HCO3^{2-}$) na água de irrigação afecta a alcalinidade da água. Estes iões carbonato podem ter um efeito tóxico para as plantas para além de um determinado intervalo crítico. A água de irrigação com cálcio e carbonatos dissolvidos pode precipitar carbonato de cálcio que se deposita no solo.

(7) Fosfato

Normalmente, o fósforo encontra-se nas águas sob a forma de fosfatos. As formas de fosfato provêm de muitas fontes. O fósforo faz parte do ADN e do ATP. É essencial para a vida. Quando os rendimentos das culturas são elevados, o fósforo encontra-se em quantidade suficiente [2].

(8) Fluoreto

A fluorose é uma doença conhecida que ocorre devido ao elevado consumo de fluoreto (F-). L.L. Somani relatou o efeito interativo do teor de flúor e de sal da água de irrigação na germinação, crescimento e nodulação de berseem[3]. O flúor motiva o crescimento de muitas espécies de plantas[4]. É tóxico quando está presente para além de limites definidos , aplicados quer através de fertilizantes quer através da água de rega[5]. B.L. Fina et al. estudaram a comparação dos efeitos do flúor na germinação e no crescimento de Zea mays, Glycine max e Sorghum vulgare. Compararam a absorção de fluoreto das culturas cultivadas em vários teores de fluoreto. No seu impressionante trabalho, descobriram que o sorgo parecia ser resistente à ação do teor de fluoreto[6].

Qualidade da água de irrigação

A má qualidade da água de rega cria muitos riscos para a produção agrícola. Pode também afetar o estado físico do solo. A qualidade da água de rega pode variar na estação seca e na estação das chuvas.

A qualidade da água de irrigação pode ser determinada por muitos factores, tais como

(1) pH

A concentração de iões de hidrogénio (pH) da água é uma medida da sua acidez ou alcalinidade.

É dado pela seguinte fórmula:

$$\mathbf{pH = -log_{10}[H_3O^+]}$$

Na água pura, a ionização da água produz $H3O^+$ (ião hidrónio) e OH^- (ião hidroxilo):

$$2H_2O \rightleftharpoons H_3O^+ + OH^-$$

A concentração do ião $H3O^+$ na água pura e neutra é de 10^{-7} M. Assim, para a água quimicamente pura

$pH = - \log [H3O\ ]^+$

$= - \log [10^{-7}]$

pH = 7

A constante de dissociação (Kw) da água é 10^{-14} a 25^{0}C. Aqui,

$$K_w = [H_3O^+] \times [OH^-]$$

Dependendo dos valores de pH, são conhecidas as seguintes indicações para a água:

Valor do pH para a água	Natureza da água
> 7.0	Básico
< 7.0	Ácido
7.0	Neutro

(2) Sólidos totais dissolvidos (TDS)

O total de sólidos dissolvidos (TDS) é um dos mais importantes parâmetros de qualidade da água para fins agrícolas.

O crescimento das culturas, o rendimento e a qualidade da colheita são afectados pelos TDS.

Os TDS são geralmente expressos em miligramas por litro (mg/l) ou partes por milhão (ppm).

(3) Condutividade eléctrica (CE)

Este parâmetro estima a quantidade de sais presentes na água de rega.

A concentração de sais na água de irrigação é determinada pela corrente eléctrica conduzida pelos iões na água. Esta medida é expressa como condutividade eléctrica (CE). Quanto maior for a concentração de sais na água de rega, maior será a CE.

(4) Carbonato de sódio residual (RSC)

Na maioria dos casos, o perigo do sódio aumenta à medida que o valor do RSC (carbonato de sódio residual) aumenta.

$$RSC = [(CO_3^{2-} + HCO_3^-) - (Ca^{2+} + Mg^{2+})]$$

(5) Rácio de adsorção de sódio (SAR)

A taxa de adsorção de sódio (SAR) é o resultado da concentração de catiões na acumulação de sódio no solo. Indica a sodicidade do solo para a água extraída do solo.

A SAR é calculada através da seguinte fórmula:

$$SAR = \frac{Na^{+}}{\sqrt{\frac{1}{2}(Ca^{2+} + Mg^{2+})}}$$

Aqui, as concentrações de iões como o sódio, o cálcio e o magnésio são expressas em miliequivalentes/litro.

D.L. Suarez estudou a relação entre a SAR e o pHc e um método alternativo para a estimativa da SAR para águas de drenagem ou do solo[7].

Capítulo 3

Trabalho de investigação e literatura sobre Água de rega

Trabalho de investigação sobre a água de irrigação

A irrigação é um domínio muito importante relacionado com a agricultura. Assim, numerosos cientistas e analistas de todo o mundo consideraram o tema da água de rega como um tema de grande importância.

H. Frenkel observou corretamente em *"Assessment of Water Quality for Irrigation"* que

"Recentemente, percebeu-se que a interação entre as propriedades físico-químicas do solo e a água de irrigação é também um parâmetro muito importante na avaliação da adequação da água para irrigação e na gestão da água" [1].

Venkateswaran S. Vediappan relatou a avaliação da qualidade das águas subterrâneas para uso em irrigação e avaliou as zonas de viabilidade através da tecnologia geoespacial na sub-bacia de Lower Bhavani, rio Cauvery, Tamil Nadu, Índia[2]. B.R. Tripathi et al. estudaram a qualidade da água de irrigação e o seu efeito sobre as caraterísticas do solo no sector semidesértico de Uttar Pradesh (Índia)[3]. G.L. Maliwal e K.V. Paliwal estudaram o efeito do estrume e dos fertilizantes no crescimento e na composição química do milho-miúdo (bajra) irrigado com águas de qualidade diferente[4]. K.V. Paliwal e G.L. Maliwal também estudaram o efeito de fertilizantes e estrume no crescimento e na composição química de plantas de milho irrigadas com água salina[5]. R.S. Goyal e B. L. Jain relataram o uso de gesso na modificação de condições favoráveis nos solos irrigados com água salina[6]. M. Murali e B. Swarupa Rani estudaram o impacto do saneamento irrigado de baixo custo na qualidade da água subterrânea da área de favela de Jodugullapalem, Visakhapatnam, Índia[7].

A qualidade das águas de irrigação do distrito de Unnao, Uttar Pradesh (Índia), foi registada por R.N. Gupta e R. Prasad[8]. C.L. Mehrotra estudou a qualidade da água e a utilização de água salina para o crescimento das culturas em Uttar Pradesh[9]. J.S. Kanwar e K.K. Mehta relataram investigações sobre a qualidade das águas de poços e o seu efeito nas propriedades do solo[10]. R.J Landey e R.S. Marty efectuaram investigações sobre a qualidade das águas de irrigação na bacia hidrográfica de Tungbhadra, Hadagalli taluka, distrito de Bellary, Índia[11].

A avaliação hidroquímica preliminar da planície de inundação do rio Níger em Jebba, na Nigéria, foi efectuada por O.A. Omotoso e O.J. Ojo utilizando os métodos ICP/MS e AAS, a fim de avaliar a sua adequação para fins domésticos e de irrigação[12]. A avaliação da qualidade da água para irrigação nas bacias hidrográficas do rio Katsina-Ala no estado de Benue, Nigéria, foi efectuada por A.T. Ajon et al. Recolheram amostras de águas superficiais e subterrâneas de três bacias hidrográficas selecionadas, nomeadamente Logo, Ambighir e Katsina-Ala, e analisaram os parâmetros físico-químicos[13].

A avaliação dos parâmetros físico-químicos e dos metais selecionados em amostras de águas superficiais recolhidas na barragem de Mangla, no Paquistão, para avaliar a qualidade da água para fins de irrigação e consumo, é relatada por Muhammad Saleem et al.[14]. Para caraterizar, classificar e avaliar a adequação da água do rio Medjerda da Tunísia para irrigação, foi efectuada uma avaliação hidroquímica por Selma Etteieb et al.[15].

Rezwanul Mahmud et al. avaliaram a qualidade da água de irrigação em torno da união de Budhol, no distrito de Brahmanbaria (Bangladesh), onde a água subterrânea está altamente contaminada com arsénio (As). Recolheram amostras de água de irrigação de superfície, de poços tubulares pouco profundos e de poços tubulares profundos para análises físico-químicas[16].

Os rios são as principais fontes de água para fins agrícolas na Malásia. Neste país, o sistema de irrigação de arroz de Seberang Perai situa-se no estado de Penang, que é uma das oito principais zonas de cultivo de arroz. A avaliação da qualidade da água de irrigação do sistema de irrigação de arroz de Seberang Perai foi efectuada por M.A. Haque et al.[17].

A poluição por sedimentos num sistema de irrigação por gravidade e os seus efeitos na produção de arroz é referida por A.R. Castaneda e S.I. Bhuiyan[18]. Silke Skytte Johannsen e Patrick Armitage discutiram as práticas agrícolas e os efeitos da utilização dos solos agrícolas na qualidade da água no seu estudo artigo publicado[19]. Os autores analisaram os efeitos da utilização agrícola do solo na qualidade da água no que respeita ao excesso de nutrientes, à aplicação de agroquímicos, à entrada de sedimentos e à poluição por metais pesados. As políticas nacionais e europeias de proteção da água e do solo são discutidas no artigo.

Carl Bowden et al. concluíram, num relatório, que podem melhorar a qualidade global da água , visando áreas problemáticas dentro da bacia hidrográfica, e que podem ser identificadas áreas que possam estar a libertar demasiados nutrientes para o abastecimento de água[20]. Uma análise de sistemas da qualidade da água de irrigação em avaliações ambientais relacionadas com surtos de origem alimentar é relatada por R.J. Gelting e M. Baloch[21]. Um estudo de caso no noroeste da China, sobre a disponibilidade para pagar a água de irrigação, é relatado por Z. Tang et al.[22]. W. Scott Laidlaw et al.[23] estudam a influência da qualidade da água de irrigação na absorção de metais pesados por salgueiros em biossólidos.

Kenichi Tatsumi e Yosuke Yamashiki estudaram o efeito das captações de água para irrigação no balanço hídrico e energético na bacia do rio Mekong, utilizando um modelo de superfície terrestre VIC (*Capacidade de Infiltração Variável*) com menos parâmetros de calibração. Estes autores apresentaram uma análise do efeito da captação de água para irrigação agrícola nas águas superficiais, no estado e no fluxo de energia, através da aplicação de um modelo de simulação para prever alterações no rácio de Bowen, na temperatura da superfície e nos recursos hídricos na bacia do rio Mekong[24]. Sisay B. Asres publicou um trabalho de investigação com o objetivo de avaliar e melhorar a gestão da água de irrigação do sistema de irrigação de grande escala de Koga, localizado na bacia do Nilo Azul, na Etiópia[25]. C. Petheram et al. relataram a avaliação da viabilidade económica da recolha de água para irrigação numa grande bacia tropical semi-árida no norte da Austrália. Observaram que é pouco provável que os mosaicos de irrigação baseados na captação de água e no armazenamento fora dos cursos de água sejam rentáveis[26]. Xiaobin Li et al. relataram o crescimento da rosa chinesa (*Rosa chinensis*) e a acumulação de iões sob irrigação com águas com várias quantidades de sal[27]. Rodnguez-Ferrero et al. efectuaram a avaliação da eficiência produtiva nas áreas irrigadas da Andaluzia[28].

Wlodzimierz Bres, et al. trabalhou na qualidade da água utilizada para a irrigação por gotejamento e fertirrigação de plantas hortícolas [29]. Um estudo sobre o uso da água, o crescimento e os efeitos da produção de irrigação controlada e drenagem (CID) de arroz em quatro estágios foi realizado em tanques experimentais especialmente concebidos e é relatado por Guang-Cheng Shao et al.[30].

Hayrettin Kuscu et al.[31] publicaram um estudo de caso no sistema de irrigação de Karacabey, na Turquia, sobre a avaliação da gestão da água de irrigação.

Miquel Pascual et al. analisaram a eficiência do uso da água (WUE) de pessegueiros durante quatro anos, tanto em termos agronómicos: produtividade da água dos frutos e biomassa ($WUE_{WPy,b}$) como em termos fisiológicos: WUE intrínseca e instantânea das folhas (WUE_{int} e WUE_{ins}, respetivamente)[32]. B. Muchara et al. relataram o valor da água de irrigação para os produtores de batata no Sistema de Irrigação do Rio Mooi de KwaZulu-Natal, África do Sul[33].

G. Walsh e V. Wepener estudaram a qualidade da água e as estruturas da comunidade de diatomáceas. Para o estudo, recolheram amostras de locais nos rios Crocodile e Magalies (Província de Gauteng e Noroeste, África do Sul) associados à utilização de terrenos agrícolas, urbanos e naturais adjacentes[34]. L.R. Faulkner e W.J. Bolander estudaram a água de irrigação poluída pela agricultura como fonte de infestação por nemátodos parasitas de plantas[35]. A avaliação da qualidade da água de irrigação de algumas províncias da Turquia foi estudada por Serpil Savci e Korkmaz Belliturk. Neste estudo, alguns parâmetros físico-químicos das águas superficiais de Yozgat e Tekirdag foram avaliados em função dos critérios de qualidade da água de irrigação[36]. Zhang AiPing et al. avaliaram a qualidade da água do rio Amarelo que corre ao longo das secções de monitorização e das principais valas de drenagem em Ningxia. Verificaram que a qualidade da água do rio Amarelo em Ningxia é principalmente afetada pelo fluxo de retorno da irrigação agrícola, pelas águas residuais domésticas e pelas águas residuais industriais[37].

Les Levidow et al. estudaram as opções e dificuldades para melhorar as práticas de eficiência hídrica[38]. Xiying Zhang et al. apresentaram uma análise dos impactos dos factores climáticos e do rendimento das culturas na evapotranspiração

(ET). Também tomaram em consideração o coeficiente de cultura (Kc) e o rendimento médio dos grãos (GY)[39].

Livros

Um rico tesouro de livros sobre a água de rega está disponível em língua inglesa. Estes livros ajudam a adquirir conhecimentos profundos sobre a água de rega. Os títulos de alguns livros são apresentados de seguida:

Capítulo 4

Materiais e métodos gerais para a análise da água de irrigação

Materiais para análise da água de irrigação

As diferentes análises físicas e químicas da água de irrigação requerem muitos compostos químicos, dependendo do método adotado para a análise. A qualidade dos produtos químicos a utilizar nos ensaios é um fator importante na análise.

Compostos químicos

Os compostos químicos a utilizar para a análise da qualidade da água de rega devem estar isentos de todos os tipos de impurezas. Assim, os produtos químicos de grau analítico (AR) são uma boa opção. De seguida, apresentam-se os produtos químicos gerais necessários para a análise:

HCl	NH4Cl
HNO3	Amoníaco
H2SO4	K2C1O4
NaCl	CaCO3
KCl,	MnSO4.5H2O
CaCl2	Sulfato de sódio
BaCl2	Amido
MgCl2	Azida de sódio
EDTA	Fenol
Eriocromo Preto-T	NaOH
AgNOa	Murexido
KI	Laranja de metilo
Molibdato de amónio	Solução tampão
Hidrogénio sulfito de sódio	Solução padrão de versalete
Ácido 1-amino-2-naftol 4-sulfónico	Ácido fosfórico
Fenolftaleína	Ácido tartárico
NH2OH.HCl	Etanol

Água destilada

Todas as soluções aquosas devem ser preparadas em água bidestilada em vez de água da torneira.

A água duplamente destilada pode ser preparada pelo método de destilação utilizando um balão de fundo redondo. O permanganato de potássio (KMn04) pode ser utilizado como agente oxidante durante a destilação. Para manter o pH alcalino, podem ser utilizadas pastilhas de hidróxido de sódio (NaOH).

Artigos de vidro

Os reagentes devem ser manuseados em material de vidro de boa qualidade. Devem ser utilizados tubos de ensaio, buretas, pipetas e balões volumétricos de qualidade normalizada. O material de vidro deve ser lavado duas ou três vezes antes da preparação de uma solução.

Reagentes para os métodos analíticos titrimétricos

São conhecidos muitos métodos analíticos titrimétricos para a avaliação da qualidade da água de rega. Normalmente, os reagentes utilizados para a análise da água de rega são os seguintes

Cromato de potássio

Dissolver 5 g de cromato de potássio puro (K2Cr04) em 100 ml de água destilada para preparar uma solução.

Solução de nitrato de prata

O nitrato de prata (AgNO3) é pesado com exatidão e dissolvido na quantidade necessária de água. Padroniza-se com uma solução de cloreto de sódio, utilizando cromato de potássio como indicador.

Solução de cloreto de potássio 0,01N

0,745 g de cloreto de potássio (KCl) podem ser dissolvidos em 100 ml de água destilada.

Solução padrão de Versenato (0,01 N)

Dissolvem-se 2,0 g de ácido etilenodiamino tetra-acético - sal dissódico em água bidestilada. Adiciona-se 0,05 g de MgCl2.6H2O e o volume é completado para 1 litro. Pode ser padronizado por titulação com solução de CaCl2 0,01N.

Eriochrome Black T

Dissolver 0,5 g de Eriochrome Black T (EBT) e 4,5 g de cloridrato de hidroxilamina em 100 ml de etanol a 95%.

Fenolftaleína

Dissolve-se 0,25 g de fenolftaleína em 100 ml de álcool etílico a 60%.

Alaranjado de metilo

Dissolvem-se 0,50 g de alaranjado de metilo em 100 ml de álcool etílico a 95% ($C2H5OH$).

Para além das soluções acima referidas, as seguintes soluções são também úteis na análise titrimétrica da água de rega: Solução de ácido oxálico 0,05N

Solução de NaOH 0,05N

Solução de HCl 0,05N

Solução de EDTA 0,01M

Soluções tampão de pH 4,0, 7,0 e 9,2

Tampão de hidróxido de amónio e cloreto de amónio (pH 10)

$H2SO4$ padrão (0,01N)

Solução padrão de cloreto de sódio (0,02N)

Reagentes para os métodos analíticos espectrofotométricos

Os seguintes reagentes são úteis para os métodos analíticos espectrofotométricos:

Agente redutor de fosfato

Solução A

O hidrogenossulfito de sódio deve ser dissolvido em água.

Solução B

Pesar o hidrogenossulfito de sódio anidro e dissolvê-lo no volume necessário de água e adicionar o ácido 1- amino-2-naftol-4-sulfónico.

A solução A e a solução B são misturadas e deve ser adicionado o volume necessário de água.

Soluções padrão de fosfato

A quantidade necessária de hidrogenofosfato dissódico ($Na2HPO4$) é dissolvida na quantidade necessária de água bidestilada para obter uma solução de 100 mg/l. A partir desta solução-mãe podem ser preparadas diferentes concentrações de hidrogenofosfato dissódico de 1,0 mg/l, 2,0 mg/l, 3,0 mg/l, 4,0 mg/l e 5,0 mg/l.

Para além das soluções acima referidas, a solução de molibdato de amónio também é útil.

Soluções para alguns procedimentos instrumentais

- Etanol

- Cloreto de bário 0,01M ($BaCl_2.2H_2O$)
- Cloreto de sódio - reagente de ácido clorídrico para sulfato
- Solução TISAB (Total Ionic Strength Adjustment Buffer) para fluoreto
- Sulfato de potássio normal
- Solução padrão de fluoreto de sódio (NaF):
- Solução-padrão de cloreto de sódio (NaCl)

Instrumentos úteis

De seguida, apresentam-se os instrumentos gerais e importantes para a análise da água de rega:

Nefelómetro

Mede a concentração de partículas em suspensão num coloide líquido ou gasoso. Utiliza a luz como fonte e um detetor de luz.

Para além do nefelómetro, são também úteis na análise os seguintes instrumentos

Equilíbrio

Condutómetro

Medidor de pH

Fotómetro de chama

Espectrofotómetro

Medidor seletivo de iões para fluoreto.

Procedimentos gerais de amostragem

Para a análise da água de rega, devem ser recolhidas amostras adequadas em locais apropriados. As amostras, quando analisadas em laboratório, fornecem dados sobre a qualidade da água.

Ao recolher amostras de água de irrigação para determinar vestígios de iões, podem ser utilizadas e conservadas garrafas de boa qualidade. No entanto, as amostras de água para determinação de fosfatos não devem ser enchidas em garrafas pré-lavadas com agentes de limpeza que contenham fosfatos. Deve-se ter o máximo cuidado para evitar a contaminação externa.

Podem ser utilizadas garrafas de plástico, mas as propriedades do material plástico devem ser verificadas antes da utilização.

As amostras de água podem ser recolhidas em garrafas de vidro castanho. Estas garrafas devem ser fechadas com rolhas de cortiça. O vidro da garrafa deve ser de boa qualidade hidrolítica. Antes da utilização, as garrafas podem ser lavadas com ácido diluído e, posteriormente, com água destilada, para evitar a libertação de álcalis da garrafa nova para a água.

Os frascos de amostragem devem ser previamente lavados pelo menos quatro a cinco vezes com a água a amostrar. As amostras contidas nos frascos devem ser protegidas do calor.

Se a amostra for retirada de um poço, a água pode ser puxada com um recipiente limpo utilizando uma corda. A amostra de água pode ser recolhida imediatamente antes de cair no canal para irrigação.

Se a amostra for colhida de um poço tubular ou de uma bomba manual, deixar correr o poço tubular ou a bomba manual durante cerca de 15-20 minutos antes de colher a amostra. Lavar corretamente o frasco com a água de amostragem antes de colher a amostra.

Pegar num pedaço de papel de tamanho adequado, escrever o endereço, o número da amostra, etc., e colá-lo firmemente na garrafa.

Algumas informações devem ser anotadas num caderno. Estas informações podem incluir a textura do solo a ser irrigado, o nome da cultura a ser cultivada, outras fontes disponíveis para irrigação, etc.

Após a recolha de amostras de água, é importante efetuar uma análise imediata.

Procedimentos para a análise da água de irrigação

Devem ser utilizados procedimentos apropriados e adequados para a análise das amostras de água.

pH

Para a medição do pH, pode ser utilizado um medidor de pH. Primeiro, é padronizado com as soluções tampão. Em seguida, o pH pode ser determinado tomando 30 ml de amostra de água num copo de 50 ml.

Condutividade eléctrica

A condutividade eléctrica da água de rega deve-se aos iões presentes na mesma. É determinada utilizando um instrumento: medidor de condutividade. É expressa em dS m^{-1}.

Sólidos totais dissolvidos (TDS)

Os sólidos dissolvidos totais (TDS) podem ser determinados pelo método de evaporação . Neste método, um copo de vidro é pesado. Em seguida, uma certa quantidade de uma amostra de água é colocada no copo. A amostra é aquecida até a água se evaporar quase totalmente. As substâncias que não são voláteis à temperatura de aquecimento permanecem no copo. Os resíduos são secos e pesados.

A 180° C, o sulfato de magnésio (MgSO4.7H2O) perde água:

$$MgSO_4.7H_2O \xrightarrow{180\,^{o}C} MgSO_4.2H_20 + 5H_2O$$

A determinação de TDS é feita após as correcções para MgSO4.2H2O e HCO3$^-$.

AAS (Espectroscopia de Absorção Atómica)

AAS (Espectroscopia de Absorção Atómica) é um processo espectroanalítico para a determinação quantitativa de elementos. Utiliza a absorção de radiação ótica por átomos livres na fase gasosa. É útil para a estimativa dos iões cálcio e magnésio na água.

Fotómetro de chama fotoelétrico

Um fotómetro de chama fotoelétrico é um instrumento utilizado para determinar a concentração de iões metálicos como o potássio, o sódio, o cálcio e o lítio. Nesta técnica de fotometria, o solvente é evaporado, o que deixa partículas finas divididas no estado sólido. Estas partículas deslocam-se até à chama. Aqui, produzem átomos gasosos e iões. Estes iões absorvem a energia da chama. Assim, ficam excitados a níveis de energia elevados. Quando regressam ao estado fundamental, emitem a radiação caraterística. A concentração de um determinado elemento presente na amostra é considerada para a intensidade da luz emitida. A intensidade da luz emitida é dada pela equação de Scheibe-Lomakin:

$$I = K \times C^n$$

Onde,

I = Intensidade da luz emitida

C = a concentração do elemento

K = constante de proporcionalidade

Se $n \sim 1$ (na parte linear da curva de calibração),

$$I = K \times C$$

Desta forma, a intensidade da luz emitida está diretamente relacionada com a concentração da amostra.

Métodos de análise de vários iões

São conhecidos muitos métodos para detetar e estimar os iões presentes na água de rega. Este tipo de trabalho é importante para obter uma imagem clara sobre a química da água de irrigação. Este tipo de trabalho é também importante para verificar a adequação da água para irrigação. Alguns métodos dignos de nota para iões presentes na água são apresentados abaixo:

Iões de cálcio e magnésio

Para a determinação dos iões cálcio e magnésio na água de irrigação, é utilizado o método de titulação versenato. Neste método, a solução de sal dissódico de EDTA é utilizada para quelar os iões cálcio e magnésio. Apenas o cálcio é determinado pelo método do versenato utilizando o indicador purpurato de amónio (Murexido). Em seguida, o ião magnésio é calculado por subtração de $Ca^{(2+)}$ de $Ca^{2+} + Mg^{2+}$. A formação de complexos de Ca e Mg é obtida por meio de um tampão de hidróxido de amónio e cloreto de amónio a pH 10.

Neste caso, o murexido é um reagente bem conhecido para a estimativa. É também conhecido como purpurato de amónio. É o sal de amónio do ácido purpúrico. A sua fórmula molecular é C8H8N6O6. O seu peso molecular é: 284,19 $g.mol^{-1}$. A sua designação IUPAC é a seguinte

2,6-dioxo-5-[2,4,6-trioxo-5-hexa-hidro pirimidinilideno)amino-3H-pirimidina-4-olato de amónio.

Para a preparação do murexido, o ácido 5-aminobarbitúrico (uramil) é tratado com óxido de mercúrio. Também pode ser obtido por aquecimento da aloxantina em amoníaco gasoso a 100°C. É utilizado na titulação complexométrica como indicador. É útil em titulações de cálcio, níquel, cobalto e elementos raros. É também utilizado como reagente colorimétrico para a determinação de cálcio e de elementos de terras raras.

A espetroscopia de emissão atómica com plasma indutivamente acoplado (ICP-AES) é também designada por espetrometria de emissão ótica com plasma indutivamente acoplado (ICP-OES). É um método útil para detetar vestígios de metais. Utiliza o plasma indutivamente acoplado para criar átomos e iões excitados. Estes iões emitem radiações electromagnéticas. O comprimento de onda destas radiações é caraterístico dos elementos. A intensidade desta emissão está relacionada com a concentração dos elementos na amostra. Para a determinação do cálcio, esta técnica pode ser utilizada[1].

Iões de sódio

As águas de irrigação podem apresentar risco de sódio. Para a determinação da concentração de sódio, pode ser utilizado o fotómetro de chama.

O sódio é medido pelas seguintes técnicas:

- Fotometria de chama
- Espectrofotometria de absorção atómica (AAS)
- Espectrometria de emissão atómica com plasma indutivamente acoplado (ICPAES).

Iões de potássio

O potássio na água é facilmente determinado pelo método fotométrico de chama.

Iões de carbonato e bicarbonato

Se a adição de fenolftaleína a uma amostra de água provocar o desenvolvimento de uma cor rosa, isso indica a presença de carbonatos na amostra. A presença de carbonatos e bicarbonatos na água pode ser determinada titulando um volume conhecido de água com H2SO4 padrão, utilizando os indicadores fenolftaleína e alaranjado de metilo. A titulação baseia-se nas seguintes reacções químicas:

$$2Na_2CO_3 + H_2SO_4 \longrightarrow 2NaHCO_3 + Na_2SO_4$$

$$2NaHCO_3 + H_2SO_4 \longrightarrow Na_2SO_4 + 2H_2O + 2CO_2$$

Cloreto(Cl^-) Iões

O ião cloreto (Cl^-) é um dos principais aniões da água.

Para a determinação de cloreto numa amostra, são conhecidos os seguintes métodos:

- Método do nitrato de mercúrio (Volumétrico)
- Método potenciométrico
- Método automatizado de ferricianeto (espetrofotométrico).

Para a determinação do cloreto, é utilizado o método de titulação AgNO3 (titulação de Mohr). Neste método, a solução da amostra é titulada com nitrato de prata. Neste processo, forma-se um precipitado de cloreto de prata.

$$Ag^+_{(aq)} + Cl^-_{(aq)} \longrightarrow AgCl_{(s)}$$

A solução diluída de cromato de potássio é utilizada como indicador. Quando todos os iões cloreto da amostra tiverem reagido, qualquer excesso de solução de AgNO3 reagirá com os iões cromato, produzindo um precipitado castanho-avermelhado (cromato de prata).

$$2Ag^+_{(aq)} + CrO_4^{2-}{}_{(aq)} \longrightarrow Ag_2CrO_{4(s)}$$

Iões fosfato($PO4^{-3}$)

A remoção de fósforo solúvel em fluxos de retorno de irrigação é estudada por A.B. Leytem et al.[2].

Método do ácido ascórbico

Este método permite determinar as concentrações de ortofosfato na maioria das águas e águas residuais.

Vários outros métodos de análise de fosfatos para uma amostra colhida são os seguintes

Método do fosfato de molibdénio

Método colorimétrico do ácido fosfórico de Vanado Molybdo

Método do cloreto estanoso

Método automatizado de redução do ácido ascórbico

Análise de injeção em fluxo para ortofosfato.

Sulfato($SO4^{2-}$) Iões

Os vários métodos de análise de fosfatos numa amostra recolhida são os seguintes

Determinação nefelométrica

Determinação pelo indicador visual rodizonato de sódio

Bactérias redutoras de sulfato (SRB)

Método automatizado com azul de metiltimol.

Fluoreto(F^-) Iões

Método Complexone

Através deste método, é possível determinar o teor de fluoreto numa determinada amostra de água. Neste método, a amostra de água é destilada e reagida com o reagente de lantânio azul de alizarina e flúor. Obtém-se um complexo azul. A determinação é efectuada por colorimetria. Este método é utilizado para águas salinas e superficiais.

Para além do método acima referido, são também utilizados os seguintes métodos para a determinação de fluoreto:

Método do elétrodo seletivo de iões

Método SPADNS (2 - (p-sulfofenilazo)-1, 8-dihidroxi-3, 6- naftaleno dissulfato)

Análise por injeção em fluxo com elétrodo seletivo de iões.

Capítulo 5

Salinidade

O clima e a geologia afectam as caraterísticas da água. Uma boa água de irrigação aumenta a produção das culturas. Também melhora a qualidade do solo. Assim, a água de irrigação pode melhorar a economia da região. Se a água de irrigação contiver muito sal, cria obviamente problemas para a terra e para as culturas.
A isto chama-se salinização. Trata-se de um grave problema de ruína dos solos. Se não for muito bem gerida, provoca um fraco crescimento das culturas.

A salinidade está associada à água de irrigação e à água do solo. É responsável pela toxicidade salina das plantas ou iões tóxicos. Tendo em conta todas estas consequências da salinidade, pode dizer-se que uma gestão bem sucedida da água salina é essencial para o desenvolvimento da agricultura, particularmente nas regiões áridas e semiáridas do mundo.

As plantas têm uma ampla gama de tolerância à salinidade. As plantas sensíveis à salinidade são conhecidas como glicófitas, enquanto as altamente tolerantes são chamadas halófitas. A maior parte das culturas agrícolas são sensíveis à salinidade. Assim, a salinidade pode ser um dos principais factores que determinam os rendimentos nas regiões áridas e semiáridas irrigadas[1]. A resposta ao stress salino em culturas como o tomate, para além do limiar de tolerância à salinidade, é estudada por A. Maggio et al.[2]. Dan Yaron estudou os impactos económicos regionais das alterações na salinidade da água de irrigação no âmbito de uma bacia hidrográfica[3]. L.E. Allison estudou a salinidade em relação à irrigação[4]. Hukkinen Janne al.[5] estudou a controvérsia sobre a salinidade e a toxicidade relacionadas com a irrigação no Vale de San Joaquin, na Califórnia.

A condutividade eléctrica (CE) é um dos parâmetros mais importantes para decidir a adequação da água para irrigação. É uma excelente medida da salinidade para as culturas. Indica os sais dissolvidos na água de irrigação. Quanto mais sais estiverem presentes na água de rega, mais elevada é a condutividade.

Com base na condutividade, a salinidade da água de irrigação pode ser determinada e a água pode ser classificada em diferentes categorias[6]:

Tabela - 1: Relação entre a CE e a salinidade

Tipo de água	CE	Salinidade
C1	0-0,25 ds m^{-1}	Baixa salinidade
C2	0,25-0,75 ds m'1	Salinidade média
C3	0,75-2,25 ds m'1	Alta salinidade
C4	2,25-5,0 ds m^{-1}	Salinidade muito elevada

A água da classe C1 pode ser utilizada com segurança para irrigação.

A água da classe C2 é moderadamente segura para irrigação.

A água da classe C3 é muito salina. Pode ser útil para as plantas que apresentam uma boa resistência aos sais. Quando a água da classe C4 é utilizada para fins de irrigação, as culturas devem ter uma forte tolerância aos sais. Em condições específicas, este tipo de água pode ser utilizado para irrigação. Em geral, não é considerada adequada para irrigação.

Mohsen Jalali realizou um estudo das amostras de águas subterrâneas da zona de Tajarak, no oeste do Irão, para avaliar a salinidade, as composições químicas e a adequação da água para fins agrícolas[7].

A salinidade pode afetar o rendimento das culturas. Diferentes culturas apresentam diferentes níveis de tolerância ao sal. Um nível elevado de sais dissolvidos na água de rega diminui a disponibilidade de água para as culturas devido à pressão osmótica. Isto pode resultar numa diminuição do rendimento. K. Mahmood et al. relataram a utilização de gesso como melhorador de águas subterrâneas salobras e concluíram que as águas subterrâneas salobras podem ser utilizadas com gesso para manter o equilíbrio salino saudável no solo sem deteriorar o rendimento das culturas[8]. Tsu-Wei Chen et al. estudaram que as temperaturas elevadas exageram os efeitos negativos da salinidade na criação de massa seca através da arquitetura da planta e da interceção da luz, mas melhoram os efeitos da salinidade na eficiência da utilização da luz na copa das árvores. As temperaturas afectam as respostas morfológicas e fisiológicas à salinidade[9]. J.D. Rhodes et al. relataram sobre a utilização de água salina para a produção de culturas[10].

Kamel Nagaz et al. apresentaram um estudo para avaliar os efeitos de diferentes regimes de irrigação com água salina na salinidade do solo, no rendimento e na produtividade hídrica da cenoura como cultura de outono-inverno em condições reais de exploração comercial na região árida da Tunísia[11].

Um estudo realizado para avaliar quantitativamente a resposta do sorgo (*Sorghum bicolor L. Moench*) à salinidade ao nível das plântulas é relatado por Saeed Saadat e Mehdi Homaee[12].

M. Reis et al. estudaram o desenvolvimento e a resposta do rendimento da estévia à salinidade da água de irrigação numa região mediterrânica (Algarve, *Portugal*)[13].

Brahim Askri et al. referem os efeitos do lençol freático pouco profundo, da salinidade e da frequência da rega no consumo de água das tamareiras. Neste estudo, utilizaram o modelo HYDRUS-1D numa parcela de terreno agrícola situada no oásis *de Fatnassa* para examinar os efeitos do alagamento, da salinidade e da escassez de água no consumo de água das tamareiras[14].

Um estudo sobre os efeitos da irrigação com água salina na distribuição da salinidade do solo e nas respostas fisiológicas da oliveira Chemlali cultivada no campo foi realizado por Chedlia Ben Ahmed et al. O objetivo deste estudo foi explorar os efeitos da irrigação com água salina na distribuição da salinidade do solo e em alguns traços fisiológicos de oliveiras adultas cultivadas no campo (*Olea europaea L. cv. Chemlali*) em condições ambientais contrastantes da região árida no sul da Tunísia[15].

A salinidade também pode afetar culturas como o trigo. J.W. Gowing et al. efectuaram experiências com uma cultura de trigo cultivada num solo franco-arenoso e a salinidade das águas subterrâneas foi mantida entre 2 e 8 dS/m, enquanto a irrigação suplementar foi aplicada à superfície com uma salinidade de 1 a 4 dS/m[16].

Nan Yan et al. analisaram o impacto da salinidade e do teor de água nos microrganismos do solo[17]. Mahmoud Nasr e Hoda Farouk Zahran estudaram o pH como ferramenta para prever a salinidade das águas subterrâneas para irrigação utilizando uma rede neural artificial[18].

Congjuan Li et al. exploraram os resultados da irrigação com água salina nas caraterísticas do solo e no desenvolvimento das plantas ao longo da faixa de proteção da autoestrada do deserto de Taklimakan. Relataram que os sais do solo (cerca de 8 mS cm^{-1}) e os nutrientes se acumularam notavelmente na superfície do solo (crosta e camadas de solo de 0-10 cm) com irrigação salina, mas a salinização do solo não aumentou

(<1,0 mS $cm^{-1)}$ dentro dos 40-60 cm de profundidade do solo, onde abundantes raízes laterais também germinaram horizontalmente[19].

Os efeitos da salinidade em três cultivares de oliveira ('Picholine', 'Meski' e 'Ascolana') que se desenvolvem em condições de estufa foram estudados por Besma Bader et al. através de parâmetros como o crescimento vegetativo, a densidade estomática e a acumulação de iões (Na+, K+, Ca^2+ e Cl^-)[20].

Mousa S. Mohsen e Jamal O. Jaber relatam a dessalinização de água utilizando um sistema fotovoltaico[21]. A remoção de boro da água salina por uma célula de dessalinização microbiana integrada com diálise de Donnan é estudada por Qingyun Ping et al.[22].

Matthew Pearce e Feargal Brennan apresentaram novas descobertas no domínio da dessalinização[23]. Younggy Kim e Bruce E. Logan apresentaram um relatório sobre o método das células microbianas de dessalinização (MDC), que é um novo método de dessalinização sustentável do ponto de vista energético[24].

Desta forma, a questão da salinização foi estudada por muitos investigadores. Eles também tentaram encontrar as formas de dessalinização.

Referências

Ernest O. Nnadj, Alan P. Newman, Stephen J. Coupe, Fredrick U. Mbanaso, Colheita de águas pluviais para fins de irrigação: Uma investigação da qualidade química da água reciclada no sistema de pavimento permeável, Journal of Environmental Management, janeiro de 2015, **147**, 246256.

David Pimentel, Bonnie Berger, David Filiberto, Michelle Newton, Benjamin Wolfe, Elizabeth Karabinakis, Steven Clark, Elaine Poon, Elizabeth Abbett e Sudha Nandagopal, Recursos Hídricos: Agricultural and Environmental Issues, BioScience, 2004, 54 (10), 909-918.

L. A. Richards, Diagnosis and Improvement of Saline and Alkali Soils, U. S. Department of Agriculture Handbook, Washington D. C., USA, 1954, **60**.160.

F.M. Eaton, Significance of Carbonates in Irrigation Waters, Soil Science, 1950, **69,** 123-133.

C.A. Bower, G. Oganta, J. M. Tucker, Sodium Hazard of Irrigation Waters as Influenced by Leaching Fraction and by Precipitation or Solution of Calcium Carbonate, Soil Science, 1968, **106,** 29-34.

W. F. Langelier, The Analytical Control of Anti - Corrosion Water Treatment, Journal American Water Works Association, 1936, **28,** 1500-1521.

A. Meiri, J. Kamburoff, A. Poljkoff-Mayber, Response of Bean Plants to Sodium Chloride and Sodium Sulphate Salinization, Annals of Botany, 1971, **35**, 837-847.

Clinton C. Shock, Kathy Pratt, Phosphorus Effects on Surface Water Quality and Phosphorus TMDL Development, Western Nutrient Management Conference, Salt Lake City, UT, 2003, **5,** 211-220.

L.L. Somani, Efeito interativo dos teores de flúor e sal da água de irrigação na germinação, crescimento e nodulação de bérberis, Agricultura Tropical, 1977, **54**, 219-232.

W. Baumeister, H. Burghardt, The Importance of the Elements Zinc and Fluorine for Plant Growth, Forsech Ber Wirtsch, Verkehrsminist, Nordhein-Westfalen, 1957, **383,** 38.

E.G. Brennan, I.A. Leone, R. H. Daines, Fluorine Toxicity in Tomato as Modified by Alterations in the Nitrogen, Calcium, and Phosphorus Nutrition of the Plant, Plant Physiology, October1950, **25(4),** 736-747.

B.L. Fina, M. Lupo, N.M. Dri, M. Lombarte, A. Rigalli, Comparação dos efeitos do flúor na germinação e crescimento de Zea Mays, Glycine Max e Sorghum Vulgare, Journal of the Science of Food and Agriculture, 2015 dezembro, DOI: 10.1002/jsfa.7551.

D.L Suarez, Relation Between pHc and Sodium Adsorption Ratio(SAR) and an Alternative Method of Estimating SAR of Soil or Drainage Waters, Soil Science Society of America Journal, 1981, **45,** 469-75.

Iker Garcia-Garizabal, Raphael Abrahao(Eds.), Água de Rega Gestão, Poluição e Estratégias Alternativas, Intech, março, 2012.
Seleshi Bekele Awulachew, Vladimir Smakhtin, David Molden e Don Peden (Eds.), The Nile River Basin Water, Agriculture, Governance and Livelihoods, Routledge 2 Park Square, Milton Park, Abingdon, Oxon OX14 4RN, Primeira Edição, 2012.
Burton Percival Fleming, Practical Irrigation and Pumping: Water Requirements, Methods of Irrigation and Analyses of Cost and Profit, Ulan Press, agosto de 2012.
Thomas Bournaris, Economics of Water Management in Agriculture, CRC Press, agosto de 2014.
G. Cornish, Water Charging in Irrigated Agriculture, an Analysis of International Experience: Water Reports, Organização das Nações Unidas para a Alimentação e a Agricultura (FAO), 28ª edição, outubro de 2004.
Kenneth K. Tanji, Bruno Yaron (Eds.), Management of Water Use in Agriculture (Advanced Series in Agricultural Sciences), Springer, abril de 1994.
Luis Martinez-Cortina, Alberto Garrido, Elena Lopez-Gunn, Re-thinking Water and Food Security: Fourth Botin Foundation Water Workshop, CRC Press, setembro de 2010.
Y. Tsur, Pricing Irrigation Water - Principles and Cases from Developing Countries, Rff Press, John Hopkins University Press, abril de 2004.
J. Kerry Arthur, R. E. Taylor, Round-Water Flow Analysis of the Mississippi Embayment Aquifer System, South-Central United States, Regional Aquifer-System Analysis--Gulf Coastal Plain, U S Geological Survey, junho de 1998.
Philip B. Bedient, Hanadi S. Rifai, Ground Water Contamination: Transport and Remediation, Prentice Hall, 1ª edição, março de 1994.
C.H. Ward, P.L. McCarty, W. Giger, Ground Water Quality(Environmental Science and Technology: A Wiley-Interscience Series of Texts and Monographs), Wiley-Blackwell, agosto de 1985.
Bear, Hydraulics of Ground Water, McGraw Hill Education India Pvt. Ltd., 1st Edition, dezembro de 2013.
David Keith Todd, Larry W. Mays, Ground Water Hydrology, 3rd Edition, Wiley, julho de 2004.
H.E. Taylor, Water Analysis and the Quality of Water (Chemical Analysis: A Series of Monographs on Analytical Chemistry and its Applications), Wiley- Blackwell, abril de 1987.
Wilhelm Fresenius, Karl E. Quentin, Wilhelm Schneider(Eds.), Water Analysis: A Practical Guide to Physico-Chemical, Chemical, and Microbiological Water Examination and Quality Assurance, Springer-Verlag Berlin Heidelberg, fevereiro de 1988.
Ladislav Votruba, Analysis of Water Resource Systems (Developments in Water Science), Elsevier Science Ltd., setembro de 1988.
Analysis of Water Distribution Systems, Thomas M. Walski, Krieger

Publishing Company, Edição de Reimpressão, dezembro de 1992.
James A. Smith, Susan E. Burns (Eds.), Physicochemical Groundwater Remediation, Springer, 2001.
Ronald F. Probstein, Physicochemical Hydrodynamics: Uma Introdução, Wiley-Blackwell, 2nd Edição, maio de 2003.
Zu Zhi Bian Xie, Manual prático de análise da qualidade da água (chinês), Chemical Industry Press, janeiro de 2012.
Claude E. Boyd, C. S. Tucker, Water Quality and Pond Soil Analysis for Aquaculture, The University of Alabama Press, outubro de 1993.
Kudret Ertud, Ilker Mirza(Eds.), Water Quality: Physical, Chemical and Biological Characteristics(Water Resource Planning, Development and Management Series), Nova Science Publishers Inc., março de 2010.
Lawler, Water Quality Engineering: Physical-Chemical Treatment Processes, McGraw-Hill Education, ISE Editions, agosto de 2008.
Gunther F. Craun, Water Quality in Latin America: Balancing the Microbial and Chemical Risks in Drinking Water Disinfection, International Life Sciences Institute, setembro de 1995.
Frederick J. Tenbus, Aberdeen Proving Ground, Hydrogeology and Chemical Quality of Water and Soil at Carroll Island, Maryland , Biblioteca da Universidade de Michigan, janeiro de 1996.
Brian P. Kelly, Ground-Water Monitoring Plan, Water Quality and Variability of Agricultural Chemicals in the Missouri River Alluvial Aquifer Near the City of Independence, Missouri, Well Field, 1998-2000, Biblioteca da Universidade de Michigan, janeiro de 2002.
Suzanne R. Femmer, Microbiological and Chemical Quality of Ground Water Used as a Source of Public Supply in Southern Missouri: Phase II, April-July, 1998, Biblioteca da Universidade de Michigan, janeiro de 2000.
E. Barton Worthington, Arid Land Irrigation in Developing Countries, Environmental Problems and Effects, 1st Edition, Pergamon.
Philippe P. Quevauviller, Ulrich Borchers, Clive
Thompson, Tristan Simonart(Eds.), The Water Framework Directive: Ecological and Chemical Status Monitoring (Water Quality Measurements), Wiley- Blackwell, outubro de 2008.
Freddie R. Lamm, James E. Ayars, Francis S. Nakayama(Eds.), Microirrigation for Crop Production, Design, Operation, and Management, Elsevier Science, 1st Edition, November 2006.
Kiran V. Mehta, Irrigation Water, Lambert Academic Publishing, Alemanha, 1ª edição, março de 2016.

Referências

H. Frenkel, Assessment of Water Quality for Irrigation (Avaliação da qualidade da água para irrigação), Ata Horticulturae, 1979, **89,** 29-30.
Venkateswaran S. Vediappan, Avaliação da qualidade das águas subterrâneas para utilização na irrigação e avaliação das zonas de viabilidade através da tecnologia geoespacial na sub-bacia inferior de Bhavani, rio Cauvery, Tamil Nadu, Índia, Jornal Internacional de

Tecnologia Inovadora e Engenharia de Exploração, julho de 2013, 3(2), 180.
B.R. Tripathi, R.M. Singh, e S.P. Dixit, Quality of Irrigation Water and its Effect on Soil Characteristics in the Semi-Desert Tract of Uttar Pradesh (Qualidade da água de irrigação e seu efeito nas caraterísticas do solo no semi-deserto de Uttar Pradesh). Indian Journal of Agronomy, 1969, **14,** 180-186.
G.L. Maliwal, K. V. Paliwal, Effect of Manure and Fertilizers on the Growth and Chemical Composition of Pearl Millet(Bajra) Irrigated With Different Quality Waters, The Indian Journal of Agricultural Sciences, 1971, **41,** 136-142.
K.V. Paliwal, G.L. Maliwal, Effect of Fertilizer and Manure on the Growth and Chemical Composition of Maize Plants Irrigated with Saline Water, Indian Journal of Agronomy, 1971, **16**, 316-321.
R.S. Goyal, B.L. Jain. Use of Gypsum in Modifying Crust Conducive Conditions in Saline Water Irrigated Soils, Journal of the Indian Society of Soil Science, 1982, **30,** 447-454.
M. Murali, B. Swarupa Rani, Some Studies on Impact of Irrigated Low Cost Sanitation of Ground Water Quality of Jodugullapalem Slum Area, Visakhapatnam, India, Pollution Research, 2005, 24(1), 35-39.
R.N. Gupta, R. Prasad, Quality of Irrigation Waters of Unnao District, U.P., Indian Journal of Agricultural Sciences, 1967, **37,** 234-241.
C.L. Mehrotra, Water Quality and Use of Saline Water for Crop Growth in U.P., Journal of the Indian Society of Soil Science, 1969, **17,** 441-446.
J.S. Kanwar, K.K. Mehta, Quality of Well Waters and its Effect on Soil Properties, Indian Journal of Agricultural Sciences, 1970, **40,** 251-258.
R.J. Landey, R.S. Marty, Investigações sobre a qualidade das águas de irrigação na bacia hidrográfica de Tungbhadra, Hadagalli Taluka, distrito de Bellary, estado de Mysore, Indian Journal of Agronomy, 1967, **12,** 262-266.
O.A. Omotoso, O.J. Ojo, Avaliação da qualidade da água da planície de inundação do rio Níger em Jebba, Nigéria Central: Implicações para a irrigação, Water Utility Journal, 2012, **4,** 13-24.
A.T. Ajon, J.T. Utsev, C.C Nnaji, Qualidade físico-química da água de irrigação nas áreas de captação do rio Katsina-Ala no norte da Nigéria, Current World Environment, 2014, 9, DOI: http://dx.doi.org/ 10.12944/ CWE.9.2.10
Muhammad Saleem, Javed Iqbal, Munir H. Shah, Avaliação da qualidade da água para fins de consumo/irrigação da barragem de Mangla, Paquistão, Geochemistry: Exploração, Ambiente, Análise, 2 de outubro de 2015, DOI:10.1144/geochem2014-336.
Selma Etteieb, Semia Cherif, Jamila Tarhouni, Avaliação hidroquímica da qualidade da água para irrigação: um estudo de caso do rio Medjerda em Tunísia, Applied Water Science, 15 de fevereiro de 2015, 112.
Rezwanul Mahmud, Naoto Inoue, Ranjit Sen, Assessment of Irrigation

Water Quality by Using Principal Component Analysis in an Arsenic Affected Area of Bangladesh, Journal of Soil and Nature, julho de 2007, 1(2), 08-17.
M.A. Haque, Huang Y.F., Lee T.S., Seberang Perai Rice Scheme Irrigation Water Quality Assessment, Journal of the Institution of Engineers, Malaysia, dezembro de 2010, 71(4), 42-49.
A.R. Castaneda, S.I. Bhuiyan, Sediment Pollution in a Gravity Irrigation System and its Effects on Rice Production, Agriculture, Ecosystems and Environment, julho de 1993, 45(3-4), 195-202.
Silke Skytte Johannsen, Patrick Armitage, Agricultural Practice and the Effects of Agricultural Land-Use on Water Quality, Freshwater Forum, 2010, **28,** 45-59.
Carl Bowden, Mike Konovalske, Josh Allen, Keelie Curran Shane Touslee, Avaliação da qualidade da água: os efeitos da utilização e da ocupação do solo em zonas urbanas e
Terras Agrícolas, Recursos Naturais e Ciências do Ambiente, primavera de 2015, 1-22.
R.J. Gelting, M. Baloch, A Systems Analysis of Irrigation Water Quality in Environmental Assessments Related to Foodborne Outbreaks, Aquatic Procedia, 2013, **1,** 130 -137.
Z. Tang, Z. Nan, J. Liu, A vontade de pagar pela água de irrigação: Um estudo de caso no noroeste da China, Global Nest Journal, 2013, 15(1), 76-84, 2013.
W. Scott Laidlaw, Alan J.M. Baker, David Gregory, Stefan K. Arndt, Irrigation Water Quality Influences Heavy Metal Uptake by Willows in Biosolids, Journal of Environmental Management, maio de 2015, 155(15), 31-39.
Kenichi Tatsumi, Yosuke Yamashiki, Effect of Irrigation Water Withdrawals on Water and Energy Balance in the Mekong River Basin Using an Improved VIC Land Surface Model with Fewer Calibration Parameters, Agricultural Water Management, September 2015, **159,** 92-106.
Sisay B. Asres, Evaluating and Enhancing Irrigation Water Management in the Upper Blue Nile Basin (Avaliação e melhoria da gestão da água de irrigação na bacia do Alto Nilo Azul),
Ethiopia: The Case of Koga Large Scale Irrigation Scheme, Agricultural Water Management, Disponível online 18th novembro 2015, DOI: 10.1016/j.agwat. 2015.10.025
C. Petheram, L. McKellar, L. Holz, P. Podger, S. Yeates, Avaliação da viabilidade económica da recolha de água para irrigação numa grande bacia tropical semi-árida no norte da Austrália, Sistemas Agrícolas, fevereiro de 2016, **142,** 84-98.
Xiaobin Li, Shuqin Wan, Yaohu Kang, Xiulong Chen, Linlin Chu, Crescimento da Rosa Chinesa (*Rosa chinensis*) e Acumulação de Iões sob Irrigação com Águas de Diferentes Teores de Sal Gestão da Água Agrícola,

janeiro de 2016, **163**, 180-189.
Rodríguez-Ferrero, Noelina, Salas-Velasco, Manuel e Sánchez-Martínez, María Teresa, Avaliação da eficiência produtiva em áreas irrigadas da Andaluzia, International Journal of Water Resources Development, 2010, 26(3), 365 -379.
Wlodzimierz Bres, Tomasz Kleiber, Tomasz Trelka, Qualidade da água utilizada para irrigação por gotejamento e fertirrigação de plantas hortícolas, Folia Horticulturae, 2010, Ann. 22/2, 67-74.
Guang-Cheng Shao, Sheng Deng, Na Liu, Shuang-En Yu, Ming-Hui Wang, Dong-Li She, Efeitos da irrigação e drenagem controladas no crescimento, rendimento e utilização de grãos no arroz em casca, European Journal of Agronomy, fevereiro de 2014, **53,** 1-9.
Hayrettin Kuscu, Filiz Eren Boluktepe, Ali Osman Demir, Avaliação da gestão da água de irrigação: A Case Study in the Karacabey Irrigation Scheme in Turkey, African Journal of Agricultural Research, fevereiro de 2009, 4(2), 124-132.
Miquel Pascual, Josep M. Villar, Josep Rufat, Eficiência do uso da água em pessegueiros ao longo de uma experiência de quatro anos sobre os efeitos da irrigação e da aplicação de nitrogénio, Agricultural Water Management, 31 de janeiro de 2016, 164(2), 253-266.
B. Muchara, G. Ortmann, M. Mudhara, E. Wale, Irrigation Water Value for Potato Farmers in the Mooi River Irrigation Scheme of KwaZulu-Natal, South Africa: A Residual Value Approach, Agricultural Water Management, 31 de janeiro de 2016, 164(2), 243-252.
G. Walsh, V. Wepener, The influence of Land Use on Water Quality and Diatom Community Structures in Urban and Agriculturally Stressed Rivers. Water SA [Online], 2009, 35(5), 579-594.
L.R. Faulkner, W.J. Bolander, Agriculturally-Polluted Irrigation Water as a Source of Plant-Parasitic Nematode Infestation, The journal of Nematology, outubro de 1970, 2(4), 368-374.
Serpil Savci, Korkmaz Bellitürk, Assesment of Irrigation Water Quality of Some Provinces of Turkey, International Journal of Modern Engineering Research, janeiro-fevereiro de 2013, 3(1), 19-22.
Zhang AiPing, Yang ShiQi, Yi Jun, Yang Zheng Li, Zhongguo Shengtai, Nongye Xuebao, Análise da situação atual da poluição da água e das fontes de poluição na região de irrigação do rio Amarelo em Ningxia, Chinese Journal of Eco-Agriculture, 2010, 18(6), 12951301.
Les Levidow, Daniele Zaccaria, Rodrigo Maia, Eduardo Vivas, Mladen Todorovic, Alessandra Scardigno, Improving Water-Efficient Irrigation: Perspectivas e
Dificuldades de Práticas Inovadoras, Gestão da Água Agrícola, dezembro de 2014, **146,** 84-94.
Xiying Zhang, Suying Chen, Hongyong Sun, Liwei Shao, Yanzhe Wang, Alterações na evapotranspiração do trigo e do milho de inverno irrigados na planície do Norte da China ao longo de três décadas, Agricultural Water

Management, abril de 2011, 98(6), 1097-1104.

Literatura útil para a análise da água de irrigação

Os livros seguintes são muito úteis para compreender e efetuar a análise da água de rega na prática:

E.W. Rice, R.B. Baird, A.D. Eaton, L.S. Clesceri(Eds.), Standard Methods for the Examination of Water and Wastewater, American Public Health Association, American Water Works Association, Water Environment Federation, 22nd Edition, 2012.

H. Willard, L.L. Merritt Jr., J.A. Dean, Instrumental Methods of Analysis, Van Nostrand, Nova Iorque, 5ª edição, 1974.

Wilhelm Fresenius, Karl E. Quentin, Wilhelm Schneider(Eds.), Water Analysis: A Practical Guide to Physico-Chemical, Chemical, and Microbiological Water Examination and Quality Assurance, Springer-Verlag Berlim Heidelberg, fevereiro de 1988.

A.I. Vogel, Text Book of Quantitative Chemical Analysis, 5th Edition, publicação ELBS, 1991.

J.A. Dean, Fotometria de chama, McGraw - Hill Book Company, Nova Iorque, 1960.

P.H. Siitonen, H.C. Thompson Jr., Determination of Calcium by Inductively Coupled Plasma-Atomic Emission Spectrometry and Lead by Graphite Furnace Atomic Absorption Spectrometry, in Calcium Supplements After Microwave Dissolution or Dry-Ash Digestion: Method Trial, Journal of AOAC International, 1998, novembro-dezembro, 81(6),1233-1239.

A.B. Leytem, D.L. Bjorneberg, Removing Soluble Phosphorus in Irrigation Return Flows with Alum Additions, Journal of Soil and Water Conservation, 2005, 60(4), 200-208.

Bruno Yaron, Erik Danfors, Yoash Vaadia(Eds.), Arid Zone Irrigation, Springer-Verlag, Berlin, Heidelberg, 1973.

A. Maggio, G. Raimondi, A. Martino, de Pascale S., Salt Stress Response in Tomato Beyond the Salinity Tolerance Threshold, Environmental and Experimental Botany, 2007, **59,** 276-282.

Dan Yaron, Salinity in Irrigation and Water Resources, CRC Press, 01-Fev-1981.

L.E. Allison, Salinity in Relation to Irrigation, Advances in Agronomy, 1964, **16,** 139-180.

Hukkinen Janne, Emery Roe, Gene I. Rochlin, A Salt on the Land: A Narrative Analysis of the Controversy over Irrigation-Related Salinity and Toxicity in California's San Joaquin Valley, Policy Sciences, 1990, 23.4, 307329.

L.V. Wilcox, Classification and Use of Irrigation Waters, United States Salinity Laboratory, Circular No. 969, United States Department of Agriculture, Washington, D. C., novembro de 1955,1-26.

Mohsen Jalali, Salinização das águas subterrâneas em zonas áridas e semi-áridas: An Example from Tajarak, Western Iran, Environmental Geology, 2007, 52(6), 1133-1149.
K. Mahmood, M.Y. Nadeem, M. Ibrahim, Use of Gypsum as an Ameliorant of Brackish Ground Water, International Journal of Agriculture and *Biology*, 2001, **3,** 308-311.
Tsu-Wei Chen, Thi M.N. Nguyen, Katrin Kahlen e Hartmut Stützel, Alta temperatura e défice de pressão de vapor agravam os efeitos arquitectónicos mas melhoram os efeitos não arquitectónicos da salinidade na produção de massa seca de tomate, Frontier in Plant Science, 2015, **6,** 887.
J.D. Rhoades, A. Kandiah, A. M. Mashal, The Use of Saline Water for Crop Production, Roma: FAO, 1992,133.
Kamel Nagaz, Mohamed Moncef Masmoudi, Netij Ben Mechila, Impacts of Irrigation Regimes with Saline Water on Carrot Productivity and Soil Salinity, Journal of the Saudi Society of Agricultural Sciences, 11(1), janeiro de 2012, 19-27.
Saeed Saadat, Mehdi Homaee, Modelação da resposta do sorgo à salinidade da água de irrigação na fase inicial de crescimento, Gestão da água agrícola, abril de 2015, **152,** 119-124.
M. Reis, L. Coelho, G. Santos, U. Kienle, J. Beltrao, Resposta do rendimento da Stevia (*Stevia rebaudiana* Bertoni) à salinidade da água de irrigação, Gestão da Água Agrícola, abril de 2015, **152,** 217-221.
Brahim Askri, Abdelkader T. Ahmed, Tarek Abichou, Rachida Bouhlila, Effects of Shallow Water Table, Salinity and Frequency of Irrigation Water on the Date Palm Water Use, Journal of Hydrology, 26 de maio de 2014, **513,** 81-90.
Chedlia Ben Ahmed, Salwa Magdich, Bechir Ben Rouina, Makki Boukhris, Ferjani Ben Abdullah, Efeitos da irrigação com água salina na distribuição da salinidade do solo e algumas respostas fisiológicas da azeitona Chemlali cultivada no campo, Journal of Environmental Management, 30 de dezembro de 2012, **113,** 538-544.
J.W. Gowing, D.A. Rose, H. Ghamarnia, The Effect of Salinity on Water Productivity of Wheat under Deficit
Irrigation above Shallow Groundwater, Agricultural Water Management, março de 2009, 96(3), 517-524.
Nan Yan, Petra Marschner, Wenhong Cao, Changqing Zuo, Wei Qin, Influência da salinidade e do teor de água nos microrganismos do solo, Pesquisa Internacional sobre Conservação do Solo e da Água, dezembro de 2015, 3(4), 316-323.
Mahmoud Nasr, Hoda Farouk Zahran, Utilização do pH como uma ferramenta para prever a salinidade das águas subterrâneas para fins de irrigação utilizando uma rede neural artificial, The Egyptian Journal of Aquatic Research, 2014, 40(2), 111115.
Congjuan Li, Jiaqiang Lei, Ying Zhao, Xinwen Xu, Shengyu Li, Efeito da

irrigação com água salina no desenvolvimento do solo e no crescimento das plantas no cinturão de abrigo da rodovia do deserto de Taklimakan, Pesquisa de solo e lavoura, março de 2015, 146(A), 99-107.
Besma Bader, Feten Aissaoui, Ibtissem Kmicha, Angham Ben Salem, Hechmi Chehab, Kamel Gargouri, Dalenda Boujnah, Mohamed Chaieb, Efeitos do stress da salinidade na dessalinização da água, crescimento da oliveira (*Olea europaea_L.* cvs 'Picholine', 'Meski' e 'Ascolana') e acumulação de iões, Dessalinização, 15 de maio de 2015, **364,** 46-52.
Mousa S. Mohsen, Jamal O. Jaber, A Photovoltaic- Powered System for Water Desalination, Desalination, 20 de setembro de 2001, 138(1-3), 129-136.
Qingyun Ping, Ibrahim M. Abu-Reesh, Zhen He, Remoção de Boro da Água Salina por uma Célula de Dessalinização Microbiana Integrada com Diálise Donnan, Dessalinização, 16 de novembro de 2015, 376, 55-61.
Matthew Pearce, Feargal Brennan, Novel Findings in Desalination, Desalination, 16 de março de 2015, 360, 13-18.
Younggy Kim, Bruce E. Logan, Microbial Desalination Cells for Energy Production and Desalination, Desalination , 308, 2 de janeiro de 2013, 122-130.

Printed by Books on Demand GmbH, Norderstedt / Germany